Hommage an das Moor

Willi Rolfes (Fotos) / Andreas Kathe (Text)

Hommage an das Moor

Von Sonnentau und Nebelschwaden

Mit 111 Abbildungen

EDITION TEMMEN

Inhalt

Das Moor überrascht uns mit vielen Farben: In diesem Fall ruht sich ein Brauner Feuerfalter an einem Weidenröschen aus. Der Feuerfalter, auch Schwefelvögelchen genannt, bevorzugt als Lebensraum vorrangig blütenreiche, naturnahe Gebiete.

Weiß und blau, sie stehen für Freiheit, Offenheit, Klarheit. Wie hier das fruchtende Wollgras. Die »Wattebäusche« sind keineswegs, wie landläufig vermutet, die Blüten. Es sind die Hüllfäden der Blütenhülle, die sich anschließend weiter auswachsen und dann mit den Früchten abfallen. Wollgras gehört zu den Charakterpflanzen unserer Moore.

Einführung

Das Moor, verwunschen, gefürchtet, bewundert, geliebt. Keine andere Landschaftsform Deutschlands ist so mit Gefühlen befrachtet, scheint uns gleichermaßen fremd und urtümlich – und ist zugleich ein ganz besonderer Hoffnungsträger für den Klimaschutz.

Mit diesem Buch geht es tief hinein ins Moor. Naturfotograf Willi Rolfes liebt die Landschaft, durchstreift immer wieder zu allen Jahres- und Tageszeiten die noch vorhandenen natürlichen Moorgebiete unserer Heimat. Immer auf der Suche nach dem besondern Klick: wunderschöne Libellen, bunte Schmetterlinge, Käfer und Vögel wie Bekassine und Kranich als typische Bewohner, farbig schillernder Sonnentau, Torfmoose und die prächtigen Wollgrasflächen als Gestalter. Über allem liegen Nebelschwaden, die dem Moor ein gutes Stück seines geradezu mythischen Rufes verleihen. Aber es gibt auch viele geniale Sonnentage mit klarem Himmel und einer Luft, die tief durchatmen lässt. Und es gibt den Herbst mit seinen goldenen Farben, den Winter, der die Landschaft mit Eis und Schnee verzaubert. Autor Andreas Kathe verfolgt das Geschehen im und rund ums Moor als Journalist seit mehr als 30 Jahren. Er schildert die lange Geschichte dieser Landschaft, ihre Schönheit, ihre Gefährdungen und die neue Hoffnung, die es für die Renaturierung vieler Flächen gibt.

Wandern Sie hinein ins Moor. Mit diesem Buch. Und irgendwann dann auf den ausgewiesenen Erkundungswegen, auf den Routen der Moormuseen oder als faszinierter Beobachter des Kranichzuges mit Tausenden von Vögeln. Eindrücke, die unvergesslich sind.

Frühling

Ein Wintergast, der seine Heimat in Skandinavien hat: die Sumpfohreule. Sie zieht über weite Strecken und kommt in Norddeutschland nur selten als Brutvogel vor. Im Februar ist das Moor mit seinem Umfeld eine Nahrungsquelle. Mäuse, kleine Vogelarten, Insekten und Reptilien gehören zur Beute der Eule. Die Landschaft selbst präsentiert sich in dieser Zeit in einer eher morbiden, wintertoten Stimmung.

Der ausgehende Winter ist eine Zeit des Aufbruchs und der Veränderung. Dokumentiert wird dies durch das Wollgras, bei dem sich nach der Blüte ab März schon im April die ersten Fruchtstände mit dem so typischen weißen Wollschopf zeigen.
Im beginnenden Frühjahr balzt das Birkhuhn (rechts oben). Es ist ein typischer Vogel für die recht kargen Moorregionen, in Deutschland aber momentan nur noch in der Lüneburger Heide und im Alpenrandbereich anzutreffen.
Die balzende Bekassine (Mitte) ist in unseren Moorgebieten ab Mitte/Ende Februar anzutreffen. Die bei uns als bedroht geltende Vogelart ist aufgrund der Naturschutzbestrebungen wieder verstärkt als Brutvogel heimisch geworden.
Vor allem in den Moorrandbereichen tummelt sich das Rehwild (unten). Zwei junge Böcke stehen auf einer Wiese mit Wiesenschaumkraut. Sie stehen im Haarwechsel; Rehe färben im März/April um, wechseln vom Winter- auf das Sommerkleid.

Anfang April kommen die »Vögel des Glücks« zurück. So werden in der Mythologie die Kraniche bezeichnet, die vor allem als Zugvögel heute auch zu den Charaktervögeln unserer norddeutschen Moore zählen. Zigtausende der Vögel besiedeln während ihrer Rastpausen auf dem Flug in Richtung Skandinavien die Moorregionen bis hin zur niederländischen Grenze. Der laute, trompetenartige Ruf des Kranichs durchbricht die Stille des Moores im Frühjahr.

Eine häufige Insektenart, ein seltenes Bild: Das Foto links zeigt die Metamorphose der Vierflecklibelle an einem Binsenhalm im Moor. Aus der Larve schlüpft die ausgewachsene, flugfähige Libelle. Rund zwei Jahre hat sich die Larve zuvor vor allem unter Wasser entwickelt, um dann in den ersten Maitagen bei entsprechenden Temperaturen das prächtige Fluginsekt (oben) freizugeben. Bis zum September und zum eigenen Absterben bleibt den Männchen jetzt Zeit für die Paarung. Mit der Eiablage durch die Weibchen beginnt dann der nächste Lebenszyklus dieser Insektenart.

Blau vor Liebe: Ein Moorfroschmännchen umklammert sein Weibchen. Mit einem leichten Glucksen – »uog, uog« – hat er es angelockt – kein lautes Gequake wie bei anderen Fröschen. Nur zur Paarungszeit legt das Männchen für wenige Tage sein Tarnkleid ab und färbt sich blau.

Wolken, Wind und wogendes Wollgras: Ein typisches Bild für das Hochmoor im Frühjahr. Dazwischen immer wieder Wasserblänken. Wasser, das Elixier, das nötig ist, um Moore entstehen zu lassen und um abgetorfte Flächen zu renaturieren.

Majestätisch gleitet die Sumpfohreule durch die Luft (links). Diese auch tagaktive Eulenart ist in unseren Moorlandschaften ein eher seltener Brutvogel. Sie liebt offene Heideflächen und zieht sich zum Brüten gerne in die flache Moorheide zurück.
Flachwasserzonen sind das Brutrevier der Löffelente (rechts oben). Die Hauptpaarungszeit dieser Zugvögel ist der Mai.
Der Große Brachvogel (Mitte) liebt als Brutrevier die feuchten Grünlandwiesen im Umfeld der Moore. Dies gilt auch für die Uferschnepfe (unten). Sie alle nutzen für die Nahrungssuche die Flachwasserzonen und sie profitieren von den Renaturierungsbestrebungen in der deutschen Moorlandschaft.

Der Schwarzhalstaucher (links) ist ein Neubürger im Moor. Und er ist zumeist ein Untermieter in den vorhandenen Kolonien der Lachmöwen (oben). Die Schwarzhalstaucher profitieren dabei wohl vor allem von der Wachsamkeit ihrer Gastgeber. Diese ornithologische Rarität findet sich in den Flachwasserzonen und auf den Wiedervernässungsflächen der heimischen Moore.

Der Kranich (rechts) ist als Brutvogel ein Neubürger in unseren Moorlandschaften. In der Diepholzer Moorniederung wurde zum Beispiel Ende der 1990er Jahre das erste Gelege entdeckt, 2009 waren es dann schon rund 22, 2011 wurden von den Naturschützern 39 Brutpaare gezählt. Als Bodenbrüter bevorzugen die Kraniche Nistplätze, die ausreichende Deckung bieten. Dazu zählen zum Beispiel Erlenbruchwälder im Niedermoorbereich. Das Bild oben zeigt eine solche Situation mit einem Teppich von Sumpfdotterblumen.

Einzigartiges Farbenspiel im Frühjahr: Die gelben Ginsterblüten vor dem blauen, leicht bewölkten Himmel und dem fruchtenden Wollgras im Goldenstedter Moor.

Eine Landschaft, spannend, bunt, lebendig

Irgendwo im düsteren Dartmoor versinkt der grausame Mörder im »fauligen Schlamm des großen Morastes«. In Arthur Conan Doyles weltberühmtem Roman *Der Hund der Baskervilles* endet so die spannende und zugleich düstere Kriminalgeschichte. Bei Annette von Droste-Hülshoff ist es im Gedicht ein »Knabe im Moor«, der dem »gespenstischen Gräberknecht« mit knapper Not und unter Zuhilfenahme eines Schutzengels entgeht: »O, schaurig ist's, übers Moor zu gehen …« Es sind solche literarischen Texte, die bis heute unser Bild einer Landschaft mit bestimmen, einer Landschaft, die bei näherer Betrachtung vieles an Schrecken verliert. Das Moor ist nicht boshaft, nicht grausam, nicht grau und nicht tot. Es ist spannend, bunt und lebendig, ein Refugium für Pflanzen und Tiere, die es sonst nirgendwo gibt. Es kann Geschichten erzählen aus früheren Zeiten, es ist ein Zankapfel zwischen Naturschutz, der Land- und der Torfwirtschaft, es ist mit Blick auf die Klimaveränderungen ein Hoffnungsträger für die Zukunft. Kurzum, es lohnt, sich dem Moor zu nähern. Unsere »Hommage« ist eine Ehrenbezeugung für eine Landschaft, die uralt ist und zugleich hochaktuell. In die man sich verlieben kann wie der Poet Hermann Löns, der ein Lied »so fein und so lind« singt, »wie ein Wollgrasflöckchen im Wind«.

Kinder der Eiszeit

Unsere Moore sind alt, uralt. Aber Moor ist nicht gleich Moor, und Torf ist nicht gleich Torf. Ein kurzer Rückblick auf das, was vor uns war:

Wir beginnen vor gut 11.000 Jahren. Damals endete die letzte der uns bekannten Eiszeiten, die Weichsel-Eiszeit. Mit der Umstellung des Klimas wuchsen die Moore und es entstanden unterschiedliche Moortypen. Das Hochmoor, das uns hier wesentlich begleitet, kann man sich vorstellen als eine sehr langsam vor sich gehende Verlandung oder Versumpfung ursprünglicher Senken und Seen. Allerdings müssen ein paar Grundbedingungen erfüllt werden, damit sich Hochmoore überhaupt ausbilden können.

Das Wasser: Regen, Regen, Regen, so viel, dass mehr Wasser übrig bleibt, als verdunsten kann. Das war und ist zum Beispiel im Norden Deutschlands auch in den Moorgebieten zwischen Elbe, Weser und Ems der Fall. Hochmoore werden deshalb auch Regenmoore genannt.

Die Pflanzen: Moose, Moose, Moose, die andere Gewächse verdrängen und eine Grundlage der Torfbildung sind. Wachsen können sie, weil das Regenwasser sehr nährstoffarm ist und sie den feuchten Untergrund lieben. Sie speichern Wasser in ihren Zellen und überstehen so auch längere Trockenperioden.

Wenn beides zusammenkommt und weitere klimatische Bedingungen erfüllt sind, baut sich das Moor langsam von unten nach oben auf und wächst über den eigentlich das Wachstum begrenzenden Grundwasserspiegel hinaus – wölbt sich in die Höhe (Hochmoor). Auf intakten Hochmoorflächen findet sich oben eine Schicht von vielfarbigen Torfmoosen. Begleitet werden sie durch Pflanzen wie Sonnentau, Wollgräser, Seggen und Binsen oder Zwergsträucher aus der Familie der Heidekrautgewächse (Rosmarinheide, Besen- und Glockenheide). Bäume wie Moorbirke, Kiefer und Fichte gibt es nur in den Randbereichen, weil hier mehr Nährstoffe vorhanden sind.

Die Moose sorgen für das Wachstum der Moore und die Torfbildung. Während sie nach unten hin absterben, entwickeln sie sich in etwa gleicher Höhe nach oben weiter. Sie bilden sich so ihren eigenen, sehr nährstoffarmen Lebensraum. Nach unten hin entsteht gleichsam eine Isolierschicht, in der die abgestorbenen Moosteile und weitere eingebettete Pflanzenreste zu Torf werden. Hochmoore, die ungestört bleiben, wachsen so langsam, aber stetig weiter in die Höhe.

Im Gegensatz dazu sind Niedermoore (Flachmoore) an den Grund- und Oberflächenwasserspiegel gebunden. Sie entwickeln sich in eher nährstoffreichen Verlandungszonen von Gewässern. Auf abgestorbenen Pflanzenteilen siedeln sich neue Pflanzen an, die ihrerseits nach und nach wieder absterben und Schichten ausbilden, die immer tragfähiger werden. Niedermoorflächen sind das Refugium für ganz andere Pflanzenarten, die sich im Hochmoor nicht oder nur selten finden: Süß- und Sauergräser oder auch Bruchwald. Allerdings: Niedermoore sind in vielen Fällen der Ausgangspunkt für die darauf aufbauenden Hochmoore.

Die Hochmoore können sich aber auch auf einem sandigen, eher wasserundurchlässigen Boden entwickeln, sie werden dann im Fachjargon als »wurzelechte Hochmoore« bezeichnet.

Beschrieben haben wir hier einen Idealzustand, den es zumindest in Deutschland so gut wie nicht mehr gibt. Längst sind die allermeisten Moorflächen durch den Menschen in Nutzung genommen worden, gibt es nur noch winzige Reste wachsender Moore. Harte Zeiten auch für Pflanzen und Tiere, die typisch für das Hochmoor sind. Haben sie noch eine Chance? Die Hoffnung darauf besteht. Blicken wir in Gegenwart und Zukunft.

Endlose Weite

Wer das Moor sucht, der wird es finden. Irgendwo an der Landstraße zwischen Vechta und Goldenstedt steht ein Schild: »Arkeburg – Haus im Moor«, ein vielversprechender Name. Eine schier endlos lange, gerade Straße führt immer tiefer in die Landschaft hinein. Wiesen, Weiden, Äcker links und rechts. Dann der Wechsel hin zu einem Erlen- und Birkenbruchwald. Torfwerke säumen die Straße, die plötzlich endet. Wer nicht umkehren will, muss den Wagen verlassen, das Fahrrad abstellen. Zu Fuß geht es ins Goldenstedter Moor, hinein in eine endlos scheinende Weite. Bis an den Horizont dehnen sich die Flächen mit niedrigem Bewuchs, mit hin und wieder kleinen Busch- und Baumgruppen, mit Senken, in denen sich das Wasser sammelt. Eine scheinbar karge, auf den ersten Blick keineswegs einladende Landschaft, weit weg vom Trubel unserer Städte und Dörfer, vom gepflegten Kulturland, an das sich unsere Augen so sehr gewöhnt haben.

Der erste Einstieg in diese ungewohnte Welt gelingt am »Haus im Moor«. Holzgebäude am Rande dieser Weite. Sie künden von Abenteuer, von Expedition, von Unerforschtem und Überraschendem. Und irgendwie ist es auch so, denn in diesem Naturschutz- und Informationszentrum erfährt der Besucher, was ihn da draußen, in dieser so offenkundig überlebensfeindlichen Landschaft, erwartet. Was Moor ist, was Torf ist, was Mensch und Moor zu Gegnern machte und heute hoffentlich zu Verbündeten. Wer genug gelesen und gesehen hat, den Blick vom elf Meter hohen Bioskopion hat schweifen lassen und im Moortunnel die Unterwelt erkundete, der steigt in die Moorbahn. Sie verbindet Mensch und Moor. Nicht nur weil die kleine Lokomotive mit den Holzwägelchen betulich langsam hinaus-zuckelt ins weite Land. Nein, auch weil die Bahn so anschaulich verkündet: Seht her, ich habe einst für die Menschen den Torf aus dem Moor geholt, heute bringe ich die Menschen hinein in die Landschaft, die sie so genutzt, ja ausgebeutet haben.

Weit ist der Weg nicht, den die Moorbahn fährt. Denn sie muss ja nicht dahin, wo heute noch Torf industriell abgebaut wird, nicht tief hinein ins Hochmoor. Auch so, noch ganz am Rande der endlosen Weite, erschließt sich dem Betrachter dieses Kleinod unserer Landschaft. Der Blick kann schweifen, es herrscht absolute Ruhe, vielleicht nur unterbrochen durch den Ruf des Brachvogels oder des Rotschenkels. Wer öfter kommt, der wird erleben, wie mit den Jahreszeiten die Farben wechseln. Dem Grau des Winters folgt das Frühjahr mit den blassgelben Blüten des Wollgrases, mit den ersten grünen Blättern des Gagelstrauches. Zum Sommer hin blüht die Rosmarinheide, das Pfeifengras grünt, auf und das Wollgras präsentiert seine weißen Fruchtstände, das Moor sieht aus wie von Baumwollflocken überzogen. Im Sommer selbst zeigen Sonnentau und Glockenheide ihre Farbenpracht, die Moosbeeren entwickeln ihre rosaroten Blüten. Den Weg in Richtung Herbst begleitet ein dichter Teppich der Besenheide, auch er rosarot. Das Pfeifengras verblasst zusehends und wechselt die Farbe über Dunkelgrün hin zu Hellbraun und Gelb. Und wer genauer hinsieht, entdeckt im Oktober die roten, kugelrunden Früchte der Moosbeere.

Wandern im Moor, stehen und sehen, die Eindrücke auf sich wirken lassen. Nicht ohne Grund haben Künstler diese zivilisationsferne Umgebung als Seelenspiegel und als Gegenentwurf zu einer sich immer mehr aus-

differenzierenden Gesellschaft gesehen, haben berühmte Maler wie Otto Modersohn, Paula Modersohn-Becker und Fritz Mackensen das Moor als Inspirationsquelle genutzt.

Der deutsche Schriftsteller und Aphoristiker Oskar Stock hat in seinem Gedicht »Die Seele baumeln lassen« auf den Punkt gebracht, was der Anblick der Weite beim Menschen auslösen kann:

Blauer Himmel, Sonnenschein,
mit Gott und sich zufrieden sein,
Glücksgefühl durchströmt den Geist,
ein Atemhauch, der Stille heißt,
Herz und Sinne ruhen entspannt,
ein leichter Wind streicht übers Land,
mit Aug' und Ohr die Pracht erfassen,
und so die Seele baumeln lassen.

Das Licht an einem Frühjahrsmorgen, die Spiegelungen, die Ruhe ausstrahlende Landschaft: Das Moor hat viele Künstler zu großartigen Bildern inspiriert.

Sommer

Auf einen warmen Sommertag im Moor folgt oft eine deutlich kältere Nacht. Die Libellen klammern sich an Pflanzen, bis die wärmende Sonne es ihnen erlaubt, wieder aktiv zu werden. In Wartestellung sind hier zwei Gemeine Besenjungfern an einer Heide (Erika) zu sehen.

Der Sonnenaufgang im Moor bringt eine ganz eigentümliche Stimmung mit sich. Das Licht bricht sich über Stunden und gibt den Blick frei auf die Reste eines Waldes, der langsam im renaturierten Dreiecksmoor bei Goldenstedt versinkt: Das Moor holt sich den Wald zurück.

Wie Wassertropfen glitzern die klebrigen Sekrete an den Tentakeln des Sonnentaus. Diese hoch spezialisierte, fleischfressende Moorpflanze holt sich den ihr fehlenden Stickstoff über Insekten, die sie mit ihren scheinbar feuchten Fangblättern anlockt. Das kann Kleininsekten aber auch größeren Exemplaren wie auf dem Bild oben zum Verhängnis werden. Die immerhin bis zu vier Zentimeter lange Hufeisenazurjungfer hat keine Chance. Der Sonnentau zersetzt die Beute mit Enzymen und nutzt die so gewonnenen Nährstoffe für das eigene Überleben.

Der Sommer ist die Zeit, in der die im Moor gestochenen Torfsoden durch Wind und Sonne getrocknet werden. Der Torfstich in unseren heimischen Mooren erfolgt heute zwar zum Teil mit mechanischer Hilfe, ist aber ohne anstrengende Handarbeit nicht zu bewältigen. Über kilometerlange Moorbahnstrecken wird der Torf im Anschluss aus dem Moor transportiert.

Die Faszination und Schönheit des Moores liegt zu einem großen Teil im Kleinen, eher Verborgenen. Die Vielfalt und Farbigkeit der Falter zählt zu diesen Besonderheiten.

Zwei Bläulinge haben sich an einer Horbkleeblüte gefunden.

Im Hochsommer blüht die Heide, die Landschaft färbt sich lila. Die Heide gilt allerdings auch als das »Leichentuch des Moores«, denn wo sie blüht, fehlt dem Moor das Lebenselixier, das Wasser. Moorheiden entstehen so vor allem auf Flächen, deren Wasserstand für die Regeneration der Moore nicht mehr hoch genug ist.

Die Heideblüten werden von Insekten gerne angenommen. Links rastet eine Schwebfliege, rechts ruht im Morgentau eine Binsenjungfer an einer Besenheide.

Das Moor als Revier für Schlangen: Hier zeigt sich eine Ringelnatter. Die Landschaft ist aber auch der geeignete Lebensraum für Schlingnatter oder Kreuzotter. Letztere ist die einzige Giftschlange – wer gebissen wird, sollte möglichst zügig einen Arzt aufsuchen.
Das Bild rechts zeigt zwei Widderchen am Hornklee: Diese Schmetterlingsart wird aufgrund ihrer auffälligen Färbung auch Blutströpfchen genannt. Die Falter saugen an Sommertagen gerne in Gemeinschaft ihren Nektar aus den Blüten.

Moore sind Inseln in unserer modernen, oft völlig zersiedelten Landschaft. Sie bieten Rückzugsräume für viele Pflanzen- und Tierarten. Auch für solche, die eigentlich nicht typisch für diese Landschaftsform sind, zum Beispiel für den Flussregenpfeifer, die Löffelente oder die Graugans.
Rechts sind Aufnahmen eines Sommertags im Moor zu sehen: (von oben) Schwarze Heidelibelle im Regen, Tautropfen im Gegenlicht und eine Zebraspinne in ihrem Netz.

Die Sonne kämpft sich im Altweibersommer am Morgen langsam durch die Nebelbänke (rechts) und verzaubert die Landschaft, die wie ein romantisches Gemälde von Caspar David Friedrich wirkt. Die Gefleckte Heidelibelle (oben) muss noch warten, bis die Sonne sie getrocknet und sie genug Energie für den Tag getankt hat.

Seerosen (oben) sind typisch für die Moorseen in den Niedermooren. Nur in diesen flachen Gewässern findet sie mit ihren langen, im Boden verankerten Rhizomen die passende Nahrungsgrundlage. Die Weiße Seerose gehört in Deutschland zu den geschützten Pflanzen.
Eine sehr seltene Pflanze ist das Breitblättrige Knabenkraut (rechts). Diese Orchideenart findet sich auf ungedüngten Feuchtwiesen im Moorumfeld. Sie blüht von etwa Anfang Mai bis Ende Juli.

Sie sind die wertvollsten Natur- und Landschaftspfleger der renaturierten Moorlandschaften: die Schafe. Schäfer Georg Gersberg von der Schäferei Ulenhof treibt hier mit seinem Hütehund eine Herde Diepholzer Moorschnucken durch das Rehdener Geestmoor. Die Schafe verbeißen bei der Beweidung die jungen Triebe von Gehölzen und halten so die Moorflächen frei von ihrem Aufwuchs.

Bei Tagesanbruch

Es ist der Kranich. In der Morgendämmerung, die Nebelschwaden liegen noch dicht über dem Boden, erhebt sich der majestätische Vogel mit seiner Flügelspannweite von über zwei Metern mit lauten Stimmsignalen und mächtigem Flügelschlag aus seinem Nachtquartier in den Nieder- und Hochmooren Nordwestdeutschlands. In großen Kolonien haben sich die bis zu 1,30 Meter großen Schreitvögel als Winter- oder Frühjahrsgäste hier niedergelassen. Zigtausende sind im Herbst aus ihren nordischen Brutgebieten aufgebrochen, um den Winter im Süden zu verbringen. Pausen auf der langen Reise nach Frankreich oder Spanien sind wichtig. Rasten können Kraniche aber nur dort, wo sie Nahrung und Schutz finden: in den Moorgebieten Norddeutschlands oder – bei östlicheren Zugwegen – oft zwischen der Ostseeküste und der Lausitz.

Vom Moor aus ins Umland: Die Kraniche nutzen den Tag auf den umliegenden Wiesen und Äckern. Sie suchen nach Nahrung, tanken Kraft für den beschwerlichen Weiterflug, der zumeist beginnt, wenn die Winterkälte weiter nach Süden vorrückt. Insekten, kleine Säugetiere, Maiskörner und Reste der Getreideernte stehen auf dem Speiseplan. Im späten Herbst wie auch im Frühjahr, wenn die Kraniche auf dem Rückweg in ihre Brutgebiete sind – dann allerdings sind es weniger, die noch eine Rast einlegen; zu groß ist der Drang, sich zu paaren und für Nachwuchs zu sorgen. Seit wenigen Jahren gibt es allerdings eine Tendenz bei den großen Vögeln, ihre Rastgebiete, wie

In den Köpfen vieler Menschen hat das Moor den Anschein des Dunklen, Unheimlichen. In gewissen Momer ten wie hier bei Tagesanbruch ist das nachvollziehbar. Es verbreitet sich eine Melancholie, die zugleich wieder anziehend wirkt.

zum Beispiel die Diepholzer Moorniederung, auch zur Brutheimat zu machen.

Am Morgen raus aus dem Moor, am Abend zurück. Nach und nach sammeln sich die großen Trupps der Kraniche im unmittelbaren Moorrandbereich. Erst in der Abenddämmerung geht es mit lautem Getöse zurück in die Flachwasserzonen der Nieder- und Hochmoore. Sie bieten Schutz vor allem vor Raubtieren wie dem Fuchs oder vor Wildschweinen, die besonders den Jungtieren gefährlich werden können.

Der frühe Morgen am Rand des Moores. Ein mittelgroßer Vogel mit superlangem Schnabel fliegt auf. Er meckert laut und sucht im Zickzackflug neue Deckung. Die Bekassine gehört zu den typischen Tieren dieser Landschaft. Eine Schnepfenart, die durch die Entwässerung und Umnutzung der Moore und Moorrandgebiete in früheren Jahrzehnten arg in Bedrängnis geraten war. Die großen Renaturierungsmaßnahmen und die Ausweisung neuer Naturschutzgebiete sorgen für eine langsame Erholung der dezimierten Bestände. Gute Zahlen werden unter anderem aus der Region um den Dümmer und aus der Diepholzer Moorniederung gemeldet.

Da schwebt eine große, auffällig gestreifte Libelle vorüber. Die Torf-Mosaikjungfer hat eine Flügelspannweite von gut zehn Zentimetern. Ihr Brutrevier ist das Hochmoor; sie legt ihre Eier in den nassen Torfmoosen ab. Libellen, Schmetterlinge, spezielle

Käferarten und Moorameisen, sie gehören zu den Insektenarten, die auf das karge natürliche Umfeld ausgerichtet sind; werden Moore entwässert oder umgebrochen, verlieren sie ihre Existenzgrundlage. Das gilt in vielen Fällen auch für Reptilien wie Schlangen (Kreuzotter und Schlingnatter) oder die Waldeidechse, für viele andere Vögel wie Brachvogel oder Uferschnepfe und den Kiebitz. Eine bunte Welt der Tiere, die an trockeneren Standorten und unter anderen klimatischen Verhältnissen nicht oder nur selten anzutreffen sind.

Auf einen Ruf wird man jedoch in den norddeutschen Mooren – noch – vergebens warten. Bis vor wenigen Jahrzehnten krächzte und zischte in den Mooren des Nordwestens das Birkhuhn, der Hochmoorvogel par excellence. Torfabbau, Entwässerung und Umnutzung der Moore sorgten nach und nach dafür, dass dieser auffällige Vogel nicht mehr brütete und schließlich verschwand. Nur noch auf kleinen Flächen in der Lüneburger Heide sind Paare anzutreffen. Vielleicht gelingt im Rahmen der Renaturierungen die Neuansiedlung.

Der Morgenspaziergang im Moor hält dann einen neuen Höhepunkt bereit: Die Balztänze der Birkhähne im Frühjahr. Die ritualisierten Schaukämpfe haben nur ein Ziel: das Anlocken der Hennen. Und davon können die Hähne gar nicht genug bekommen – sie führen ihre Tänze wochenlang immer wieder auf. Eine Ausdauer, die man ihnen in unseren Mooren gern wieder gönnen würde.

Im geheimnisvollen Moor

Das Moor konserviert Geschichte. Schauriges wie Moorleichen und höchst Interessantes wie die sogenannten Bohlenwege. Geheimnisse, die nach Jahrhunderten, ja nach Jahrtausenden erst wieder ans Tageslicht kommen. Sie erzählen uns heute sehr viel darüber, wie diese Landschaften zugleich gefürchtet und genutzt wurden.

Die Furcht: Annette von Droste-Hülshoffs »Knabe im Moor« entgeht nur knapp einem traurigen Schicksal: »Seine bleichenden Knöchelchen fände spät/Ein Gräber im Moorgeschwehle«. Zum Glück schafft er noch so eben und mit Schutzengelbegleitung den Sprung auf festeren Boden, und er sieht die heimatliche Lampe.

Als Droste-Hülshoff, die aus dem Münsterland stammt, ihr Gedicht verfasst – gedruckt erstmals im Jahr 1842 –, da gilt das Moor noch als lebensfeindliche Landschaft. In dieser Ballade aus der Zeit der Romantik sieht die Dichterin die »schaurige« Landschaft aber eher als Folie. Der Mensch ist den unterschiedlichsten Versuchungen ausgesetzt – auch in der Natur. Retten kann ihn nur die Bindung an Gott und an die Heimat.

Das Moor als Gegenentwurf zu einem Leben in Sicherheit. Diese Darstellung hat aber schon in der Mitte des 19. Jahrhunderts mit der Realität nur noch wenig zu tun. Zwar gibt es hin und wieder Unfälle, bei denen Menschen im Moor versinken. Längst aber hat der Mensch begonnen, die Hoch- und Niedermoore zu entwässern und zu nutzen, ja sogar zu besiedeln. Moore, die noch bis zum Ende des 18. Jahrhunderts etwa 30 Prozent der Fläche Nordwestdeutschlands bedecken, sind zunehmend auf dem Rückzug.

Die Nutzung: Aus geschichtlichen Aufzeichnungen heraus und vor allem durch die sehr ertragreichen Ergebnisse der Moorarchäologie wissen wir, dass schon vor Jahrtausenden Menschen am Rande der Moore siedeln und nach und nach damit beginnen, Torf als Brenn- und Heizmittel zu nutzen. Relikte dieser Zeiten sind die Bohlenwege, die man einst »pontes longi« – »lange Brücken« – nannte, weil man sie den Römern zuschrieb; oder auch »Hühnenbrüggen« als Relikte einer sagenhaften Vorzeit. Heute wissen wir, dass die ältesten entdeckten Wege aus Holz aus der ersten Hälfte des 5. Jahrtausends vor Christi Geburt stammen. Es sind Pfahlwege aus Rundhölzern, die einfach auf einem Unterbau aus längs verlaufenden Baumstämmen liegen. Die Anlegung solcher Bohlenwege wird über die Jahrtausende immer ausgefeilter – bis hin zu richtigen Fahrwegen mit einer Sandabdeckung. Die Zeit der Bohlenwege endet im 16./17. Jahrhundert.

Sie beweisen, dass das Moor schon sehr früh überbrückt und als Verkehrsweg genutzt wird. Wege, die Siedlungen miteinander verbinden; Wege, über die Handel getrieben wird und die hin und wieder auch militärisch von Bedeutung sind. Das beweisen die vielfältigen Funde im Umfeld. Es sind Wagenteile, Werkzeuge oder Waffen, Kultfiguren, die auf mythisch-religiöse Gebräuche verweisen, Reste von Kleidungsstücken, Schmuck und Gebrauchsgegenstände. Vieles davon hat die Zeiten überdauert, weil die durch den Abbau von Pflanzen im Moor gebildeten Huminsäuren (Moorsäuren) eine konservierende Wirkung haben. So finden sich auch nach Jahrtausenden Kleidungsstücke, Holzreste und Tierkörper in einem fast unveränderten Zustand. Und so kommen wir zu den Moorleichen.

Auch wer im Moor versinkt, wird konserviert. Die beim Torfstich oder bei bewussten Ausgrabungen gefundenen Leichen sorgen immer wieder für einen Schauder bei den Lebenden. Und sie künden den Wissenschaftlern vieles aus vergangenen Jahrtausenden, denn in dem »nassen Geschichtsbuch« Moor überdauern manche Tote so, als wären sie gerade erst bestattet worden. Von der »Faszination« dieser Funde sprechen Forscher wie der früherer Oldenburger Museumsdirektor Mamoun Fansa und sein Kollege Frank Both in ihrem 2011 erschienenen Buch über die Moorleichen. Weil die Toten oft noch ihre ganz individuellen Züge besitzen, »transportieren sie einen gewissen Hauch von Geschichte in unsere Zeit«.

Moora ist ein Beispiel. Die Überreste des zwischen 15 und 19 Jahre alten Mädchens wurden bei Torfstecharbeiten im Großen Moor bei Uchte (Kreis Nienburg) in den Jahren 2000 und 2005 gefunden. Die Untersuchungen ergaben: Es handelt sich um die älteste jemals in Niedersachsen gefundene Moorleiche (aus der Zeit um 650 vor Christi Geburt). Moora beflügelt die Fantasie, und sie erlaubt unerwartete Einblicke in eine Zeit, aus der menschliche Relikte kaum bekannt sind, weil die Toten damals verbrannt wurden. Moora – ein kultisches Opfer, ein Verbrechen, ein Unglücksfall im Moor? Noch sind die Erkenntnisse zu dürftig, um die Frage beantworten zu können.

Moora soll, wenn alle Untersuchungen abgeschlossen sind, im Niedersächsischen Landesmuseum in Hannover neben dem Roten Franz der Öffentlichkeit präsentiert werden. Er ist älter und zugleich jünger. Älter, weil dieser Mann, der 1900 im Bourtanger Moor im Emsland gefunden wurde, bei seinem Tod etwa 25 bis 32 Jahre alt gewesen sein muss. Jünger, weil er in der Zeit zwischen 135 und 385 nach Christi Geburt lebte. Sein Ende war grausam. Ein Messerschnitt durch die Kehle tötete ihn. Die Forscher vermuten entweder ein germanisches Menschenopfer oder den Tod durch einen Raubüberfall. Weil sich die Haare des Mannes durch die lange Lagerung im Moorwasser rotbraun verfärbt hatten, bekam er den Namen Roter Franz.

Als weiteres Beispiel ist da noch Jan Spieker. Der Kiepenkerl, so der Name von umherziehenden Händlern, durchwanderte 1828 das Goldenstedter Moor und fand hier einen natürlichen Tod. Die Leiche wurde an Ort und Stelle beerdigt und erst 1978 wieder freigelegt, als der Torfabbau die Grabstelle bedrohte. Jan Spieker ist eine der wenigen Moorleichen, deren tatsächlicher Name bekannt ist. Auch ihn umgibt, wie die meisten Toten aus dem Moor, die Aura des Geheimnisvollen. Sie entwickeln eine Faszination, die bis heute nachwirkt: »Bi Jan Spieker in'n Moore« heißt die Stelle seines nassen Grabes im typischen Plattdeutsch, es gibt ein Gedicht über ihn, und seit wenigen Jahren würdigt ihn eine Wege- oder auch Bimmelbahn, die in den Sommermonaten die Umweltzentren in Goldenstedt-Arkeburg und Barnstorf miteinander verbindet: Sie heißt »Jan Spieker«.

Unheimlich und doch faszinierend: Der Mann von Husbäke wurde 1936 beim Torfstechen im Vehnemoor bei Edewecht gefunden. Er ist heute in einer Dauerausstellung im Museum Natur und Mensch in Oldenburg zu sehen. Der Mann muss im Alter von 17 bis 20 Jahren in den ersten Jahrhunderten nach Christi Geburt im Moor versunken sein.

Eine Landschaft verändert ihr Gesicht

»Man glaubt in den Steppen von Sibirien zu seyn, wenn man die Haiden durchwatet ... Alles ist still, nicht ein Vogel singt sein Morgenlied und ergötzt das Ohr des Wanderers. Nicht ein Baum, nicht ein Busch bietet ihm Schatten dar ... Halb verdorrte Birken oder Kiefern, die dem Auge in der Ferne eine Leichenfarbe zeigen, Vertiefungen von Torfmoor greifen widrig in seine Empfindungen ein ... Die Schöpfung scheint hier noch unvollständig zu seyn.«

Johann Gottfried Hoche, ein protestantischer Prediger aus Rödinghausen bei Minden, durchwandert Ende des 18. Jahrhunderts den Nordwesten Deutschlands. Seine Reisebeschreibungen, die 1800 in Bremen erscheinen, geben recht malerisch den Eindruck wieder, den die weiten Moorflächen der Region auf ihn gemacht haben. Eine Darstellung, die gleich auf Protest stößt. Schön sei die Gegend vielleicht nicht unbedingt, aber es gebe durchaus viele Bäume und zugleich eine erfolgreicher werdende Landbewirtschaftung.

Doch Hoche hat, eher unbewusst, erfasst, dass sich das Landschaftsbild massiv ändert. Die ursprünglichen, wilden, unzugänglichen Moorflächen werden zunehmend von den Menschen genutzt – als Lieferant von Brennmaterial, als agrarische Nutzfläche, schließlich sogar als Siedlungsland.

Neu ist das nicht. Schon im Mittelalter beginnen die ersten Versuche, Moorflächen zu entwässern und zu nutzen. Mehr Menschen, mehr Bedarf an Heizmaterial, an Platz für Neusiedler. 1630 wird in Papenburg die erste deutsche Fehnkolonie gegründet; »Fehn« dabei als möglicherweise schon altfriesischer Begriff für ein Moorgebiet, in dem Torf gegraben wird. Friedrich der Große erlässt 1765 ein Gesetz, mit dem »Wüsteneyen« (also auch die Moorgebiete) zu Staatseigentum erklärt werden, um sie besiedeln und nutzen zu können. Erste, noch bescheidende Anfänge für eine Entwicklung, die das Aus für die allermeisten urwüchsigen Moorflächen bedeutet.

Johann Gottfried Hoche wandert in eine Zeit hinein, in der immer mehr Torf als Brenn- und Heizmaterial gebraucht wird. Holz ist durch massive Nutzung knapp geworden, Landesfürsten reagieren schon mit ersten Aufforstungsprogrammen. Torf wird zu einem begehrten Wirtschaftsgut, das sich bestens exportieren lässt: Hausöfen werden befeuert, Industrie, Dampfschifffahrt und Eisenbahnen brauchen Brennmaterial. Also müssen die Moore von den Rändern her entwässert werden, um gefahrlos an diesen Rohstoff zu gelangen.

Dem Torfabbau folgt die Besiedelung und Urbarmachung der Moore. Kolonien entstehen, die sich immer weiter in die einst unzugänglichen Landschaften hineinarbeiten. Ohne maschinelle Unterstützung ist dies ein mühseliges Unterfangen. Von hierher stammt der Spruch »Dem Ersten den Tod, dem Zweiten die Not, dem Dritten das Brot«. Über Generationen müssen die Kolonisten mit harter Arbeit ihre Existenz sichern.

Aus Torfbauern werden langsam Moorbauern. Nach niederländischem Vorbild beginnen die ersten Siedler mit der Moorbrandkultur: Auf dem abgebrannten Hochmoor wird Buchweizen ausgesät. Die anspruchslose Pflanze – übrigens kein Getreide, sondern ein Knöterichgewächs – gedeiht auch auf kargen Böden. Aus den Nüsschen lässt sich ein Mehl herstellen. Buchweizenpfannkuchen, der heute als regionale Besonderheit auf Märkten und in Moormuseen angeboten wird, ist die karge Kost der armen Moorsiedler.

Dem Torfabbau und der Moorbrandkultur folgt die intensivere landwirtschaftliche Nutzung der Flächen.

Zunächst als Weiden für die Rinder, Schweine, Schafe, mit zunehmender Entwässerung dann auch als Äcker. Großen Auftrieb erhält die Moornutzung ab Mitte des 19. Jahrhunderts durch die zunehmende Mechanisierung des Torfabbaus und durch den Einsatz von Dampfpflügen bei der Bodenkultivierung.

Das alles ist so gewollt – vom Staat, von den Menschen selbst. Denn die stark wachsende Bevölkerung muss versorgt werden. Das 19. und das beginnende 20. Jahrhundert ist die Zeit eines massiven Umbruchs. Wer nicht aus Deutschland auswandern will oder kann, braucht Alternativen. Die sich entwickelnde Industrie nimmt Arbeitskräfte aus den ländlichen Regionen auf. Andere verlassen ihre alte Heimat, um dort zu siedeln, wo der Staat zu günstigen Konditionen Land anbietet. Im Nordwesten ist das vor allem im Moor der Fall. Neue Dörfer entstehen. Ärmliche Siedlungen zunächst, aus denen heute freundliche Ortschaften geworden sind, denen man ihre Entstehungsgeschichte kaum noch ansieht. Die harte, entbehrungsreiche Arbeit der Vorfahren ist den Nachfahren durchaus noch bewusst. Die unterschiedlichen Moormuseen versuchen, dies Außenstehenden zu vermitteln. Schwierig, denn den Betrachtern ist weder stundenlanger Torfstich noch das mühsame Ackern mit Pferd und Pflug oder die Ernte per Hand zuzumuten.

Aus Handarbeit ist heute die mechanisierte Land- und Torfwirtschaft geworden. Frühere Hoch- und Niedermoore sind Weiden oder Äcker. Und manche Familien, die im Moorbereich siedelten, haben den Torfabbau industrialisiert und perfektioniert. Ihre Unternehmen sind nach eigenen Angaben weltweit führend in der Entwicklung, der Produktion und dem Vertrieb von gärtnerischen Kultursubstraten und Blumenerden.

Typische Szene vom Torfabbau im Moor: Handarbeit gehört auch heute nach dazu, wenn die getrockneten Torfsoden im Spätsommer in die Torfwerke abtransportiert werden.

Herbst

Ein Blick über das offene Moor und über die aufgeschichteten Torfsoden bis zum Horizont, der mit den Wolken fast verschmilzt.

Der Herbst ist die Zeit, in der die Tage kürzer werden und der schrägere Sonneneinfall eine ganz besondere Lichtstimmung erzeugt. Deutlich wird dies am Birkenwald am Moorrand im Abendlicht.

Das Moor trägt ein buntes Kleid. Deutlich wird dies am Farbenspiel im Herbst mit Blättern und Kranichfeder.

Bizarre Formen von Kunstwerken auf Zeit: Birkenblätter an einem Herbstmorgen im Raureif.

Im Herbst wie auch im Frühjahr sind unsere Moore eine Drehscheibe für den Vogelzug. Auf dem Weg in die Winterquartiere sind links Bless- und Saatgänse, rechts oben ziehen Blessgänse vor dem aufgehenden Mond vorbei, unten startet ein Kranich zum Weiterflug.

Bilder wie abstrakte Gemälde: Die Kamera zeichnet in filigraner Weise lang aufragende Birken nach (oben) oder entwirft kunstvolle Reliefs auf der Grundlage von Birkenrinde (rechts).

Einladend und zugleich abweisend: Der Weg ins Moor hat etwas Geheimnisvolles. Niemand weiß, was einen an diesem frühen Morgen im Herbst hinter der Biegung erwartet, auf welche Tiere und Pflanzen man stößt. Genau dies macht einen Besuch im Moor so besonders.

Wie mit einem dicken Pinsel und voller Hingabe gemalt: Moorlandschaften mit langen Horizonten und runden Bulten. Solche Bilder haben Malerinnen und Maler wie Paula Modersohn-Becker, ihren Mann Otto Modersohn, Heinrich Vogeler oder Fritz Mackensen inspiriert und zur Gründung der Künstlerkolonie Worpswede bei Bremen geführt.

Nebelschwaden wabern über das flache Moor, die hier rastenden Kraniche starten an diesem Herbstmorgen bei Sonnenaufgang auf die angrenzenden Äcker zur Nahrungssuche (oben).
Das Moor lebt auch von der Veränderung: Bizarre Baumformen und Spiegelungen auf einer wiedervernässten Fläche (rechts). Das Absterben der einen Pflanzenart sorgt dafür, dass andere sich entwickeln können und neues Moor entsteht.

Raureif-Impressionen nach einer kalten Nacht im Moor: Mir ihrem vereisten Rand sehen die Blätter fast filigran aus (links). Den unheimlichen Wandel und die Intensität der Farben dokumentieren auch diese Moosbeeren (rechts). Es ist Herbst: Das Moor riecht, es gibt eine ganz besondere Stimmung und Bewegung – kurz bevor alles vorbei ist und der Winter Einzug hält.

Wie aber nutzt man das Moor?

Da ist der Torf. Ein Begriff, den Sprachforscher zurückverfolgen bis in indogermanische Zeiten und mit »das Gestochene« übersetzen. Uralt ist so auch die Nutzung dieses Brennstoffes. Torf bildet sich über Jahrtausende hinweg in verschiedenen Entwicklungsstufen durch die Anhäufung organischer Pflanzenreste – Torfmoose, die Hölzer früherer Bruchwälder, Reste von Wollgras oder Heidekraut. Wasserüberschuss und der Luftabschluss durch die immer weiter in die Höhe wachsende Moorvegetation sorgen dafür, dass sich nicht die komplette organische Substanz zersetzen kann. Torf entsteht ganz langsam, aber stetig. Experten gehen davon aus, dass das Wachstum der Ablagerungen zwischen einem Millimeter und einem Zentimeter pro Jahr beträgt. Das berühmte Teufelsmoor bei Bremen soll sich so über einen Zeitraum von 8000 Jahren entwickelt haben.

Torf ist aber nicht gleich Torf:

In den Niedermooren – sie wurden übrigens bundesweit zum Boden des Jahres 2012 ausgerufen – bildet sich ein typischer Niedermoortorf vor allem aus Birken- und Erlenholz, aus abgestorbenen Wurzeln und Blättern, Moosen und Gräsern. Dieser Torf wurde in der Vergangenheit auch zu Heizwecken genutzt, heute dient er nur noch der medizinischen Anwendung zum Beispiel für Moorbäder. Ein Großteil der Böden ist längst kultiviert und wird landwirtschaftlich genutzt.

Beim Hochmoortorf unterscheiden die Fachleute je nach der Verdichtung des Torfes und der Zersetzung der Pflanzen zwischen Weißtorf, Brauntorf und Schwarztorf. Die älteste Schicht mit der stärksten Zersetzung der Pflanzen ist dabei der Schwarztorf, der als Brenntorf Verwendung findet. Diese Torfart wird mit speziellen Baggern und Sodenbearbeitungsmaschinen gewonnen. Heute wird sie vor allem als Industrietorf für die Herstellung von Aktivkohle (Schadstofffilterung, Abwasserreinigung) genutzt. Als durchfrorener Schwarztorf oder Humintorf gibt es zudem einen Einsatz in der Erden- und Substratherstellung.

Wirtschaftlich bedeutsamer geworden ist die jüngere und wesentlich weniger zersetzte Weißtorfschicht. Sie wurde in früheren Jahrhunderten, als nur der Brennwert des Torfs eine Rolle spielte, zunächst kaum beachtet. Später beginnt die Nutzung als Streutorf oder Torfmull. Weißtorf findet sich lange Jahrzehnte in Viehställen als Einstreu oder als Düngemittel auf Feldern und sogar als Mittel zur Verminderung der Geruchsbildung vor allem in städtischen Abortgruben und Toiletten. Seit den 1950er Jahren ist Weißtorf ein wichtiger – nach Angaben des deutschen Industrieverbandes Garten sogar der wichtigste – Ausgangsstoff zur Herstellung von Kultursubstraten und Blumenerden. Im Gleichschritt mit der zunehmenden Industrialisierung der Pflanzenproduktion intensivierte sich diese Form der Torfnutzung. Der Abbau erfolgt durch unterschiedliche Verfahren: unter anderem mit Stechmaschinen, die ebenfalls Soden erzeugen, oder – heute vorrangig – im Fräs- und Grubberverfahren.

Der Naturschützer, das Moor, der Torf

»Torf gehört ins Moor«, sagt Friedhelm Niemeyer. Der Biologe ist seit 1983 Leiter des Projektes Diepholzer Moorniederung. Der Bund für Umwelt und Naturschutz trägt dieses Programm. Rund 24.000 Hektar Hochmoore liegen im Einzugsbereich zwischen Diepholz im Westen und Kirchdorf im Osten, Barnstorf im Norden und Rahden im Süden. Über 18.000 Hektar sind bereits unter Naturschutz gestellt.

Große Flächen gehören dazu, wie das Neustädter Moor zwischen den Orten Freistatt und Ströhen. »Die Perle unter den Mooren«, die »Keimzelle des Hochmoorschutzes in Niedersachsen«, so nennen es die Naturschützer. 1600 Hektar – 16 Quadratkilometer – stehen hier fast komplett unter Schutz. 1981 beginnt noch während der Zeit des industriellen Torfabbaus die Renaturierung. Die ursprüngliche Moorvegetation konnte so gut erhalten werden, sagt Niemeyer.

Moorschutz, das ist zunächst einmal der Versuch, die ursprüngliche Pflanzen- und Tierwelt dieser Landschaft zu erhalten oder sie wieder heimisch zu machen. Wie das passiert? Abgetorfte Moorflächen werden renaturiert. Ein Fachbegriff, der zunächst einmal bedeutet, dass es im Hochmoor wieder einen Wasserstand gibt, der die Ansiedlung typischer Pflanzenarten und die Bildung neuer Torfschichten erlaubt. Ein Geduldsspiel, ein Projekt für Generationen. Denn die Wiedervernässung der Hochmoorflächen bedeutet nicht automatisch, dass sich Torfmoos und Wollgras wieder wohl fühlen. Dazu gehört ein Wasserstand, der zunächst einmal künstlich gehalten wird durch Dämme und das Zuschütten von Entwässerungsgräben; ein Wasserstand, der nicht zu hoch und nicht zu niedrig sein darf. Pflanzen, die nicht typisch für Hochmoorflächen sind, müssen über Jahre hinweg immer wieder zurückgeschnitten oder ganz entfernt werden. Wenn das klappt, wachsen die Torfmoosarten wieder, die Torfbildung setzt ein.

Ein Prozess, der viele Jahrzehnte dauert. Und der »Neues hervorbringt, nicht das Alte wieder«, sagt Friedhelm Niemeyer. Neues, das dann aber auch die moortypische Tierwelt anlockt. Erste Erfolge sieht der Biologe schon erreicht mit den unterschiedlichen Projekten in der Diepholzer Moorniederung. Und er lobt dabei die Schafe: »Ohne sie wären wir hier verloren.« 10.000 sind es insgesamt auf den Naturschutzflächen, zumeist die sogenannte Moorschnucke, im Sprachgebrauch der Fachleute als weiße, hornlose Heidschnucke bekannt. Die Tiere knabbern die Pflanzen ab, die der Neuentwicklung des Hochmoores im Wege stehen. Pfeifengras zum Beispiel, junge Birken, Kiefern, Seggen oder verschiedene Beerenarten. Mit dem angenehmen Nebeneffekt, dass die Schafe auch ein besonders würziges Fleisch liefern.

Nasse Flächen, friedlich weidende Schnucken, weites Land und viel Ruhe – die Chance für die Rückkehr des Brachvogels, der Bekassine, der Uferschnepfe und vielleicht sogar des Birkhuhns. Rund 30 gefährdete Vogelarten gibt es, sagt Experte Niemeyer, die auf den oder rund um die Moorflächen leben und zum Teil vom Aussterben bedroht sind. Und die von den Naturschützern aufmerksam beobachtet werden. Auch durch die Zählung von Brutpaaren. Der Goldregenpfeifer gehört zum Beispiel zu den besonders gefährdeten Vogelarten des Hochmoores. Es gibt nur noch drei Brutregionen in Niedersachsen, die Diepholzer Moorniederung gehört dazu. Mit einem speziellen Schutzprogramm versucht das Land, die Bestände zu erhalten und möglichst wieder zu erhöhen.

Ohne Moos nichts los: Die Torfmoose (Sphagnum) sind entscheidend verantwortlich für die Bildung unserer Zwischen- und Hochmoore.

Kraniche gehören zu den Vogelarten, die hier ebenfalls unter besonderer Beobachtung stehen. »Seit dem Jahr 2000 hat die Zahl an Rast- und auch an Brutvögeln zugenommen«, sagt Friedhelm Niemeyer. Die Moorniederung wurde zu einem der bedeutendsten Rastplätze des Kranichs in Europa. Im Herbst 2008 wurden allein 77.500 Vögel an einem Tag gezählt – Zahlen, die zwar von Jahr zu Jahr schwanken, die aber deutlich machen, wie wichtig die Moore und Moorrandbereiche für diese und viele andere Tierarten sind.

Pflanzen, Tiere, ruhige Landschaft, das ist es nicht allein, was die Naturschützer, die Forscher und viele andere naturverbundene Menschen antreibt, Moore zu schützen und neu zu entwickeln. Der Greifswalder Professor Michael Succow und weitere Wissenschaftler wie zum Beispiel Hans Joosten haben durch ihre Forschungen deutlich gemacht, wie wichtig diese Landschaft für den Klimaschutz ist. Das Stichwort ist Kohlendioxid; ein Treibhausgas, das einen hohen Anteil an der Erderwärmung hat. Intakte Moorflächen speichern sehr viel Kohlendioxid, sind in der Fachsprache der Forscher klimaneutral. Legt man sie trocken, unter anderem durch Torfabbau oder Landbewirtschaftung, wird das gespeicherte Treibhausgas frei – und dies in sehr hohen Mengen. Für die Wissenschaftler steht deshalb fest, dass eine Renaturierung von Moorflächen ein bedeutsames Klimaschutzprojekt ist. »Weltweit«, sagt Friedhelm Niemeyer, »ist der Naturschutz deshalb dabei, diese Erkenntnis zu verbreiten: Wenn wir die Moore wiedervernässen, wäre das viel billiger, als mit hohem technischen Aufwand zum Beispiel Solar- und Windkraftanlagen aufzubauen.«

Der Unternehmer, das Moor, der Torf

Josef Gramann ist Geschäftsführer von Gramoflor. Das Unternehmen nahe der niedersächsischen Kreisstadt Vechta ist spezialisiert auf die Herstellung von hochwertigen Substraten und Blumenerden für den Erwerbsgartenbau und den Fachhandel und zählt hier europaweit zu den modernsten Produktionsbetrieben. Der Weg dahin ist typisch für die Branche. Die Familie wirtschaftet bereits seit dem 19. Jahrhundert und zunächst unter großen Mühen auf den Böden des »Großen Moores« im Umfeld der Stadt. Die Vorfahren betreiben Ackerbau, beginnen aber auch nach und nach mit der Torfnutzung. 1908 dann der Schritt hin zum gewerblichen Abbau des Torfs inklusive des Brenntorfhandels. Torfstreu- und Düngetorfproduktion sind die nächsten Schritte. Ende der 1980er Jahre folgt die Spezialisierung auf die Herstellung von professionellen Substraten und Qualitätsblumenerden. Heute betreibt Gramoflor zwei moderne Produktionsstandorte in Vechta und Vörden und beliefert mit seinen Produkten Gartenbaubetriebe in aller Welt. Der Torf wird nahezu ausschließlich auf eigenen Flächen in Norddeutschland gewonnen.

Naturschutz und Torfabbau – zwei gegensätzliche Pole, die aufeinandertreffen? Vor einigen Jahren gab es diese Auseinandersetzung. Nun Vergangenheit, denn inzwischen geht man entspannter miteinander um, werden sogar bei der Renaturierung der abgetorften Moorflächen teilweise dieselben Ziele verfolgt, und es gibt eine Zusammenarbeit.

Ohnehin sieht Josef Gramann die Torfindustrie nicht als den Hauptverantwortlichen für den Rückgang der natürlichen Hochmoore: »260.000 Hektar Hochmoorflächen gibt es heute noch in Deutschland, die meisten im nordwestlichen Niedersachsen. Etwa

60 Prozent der Flächen werden landwirtschaftlich genutzt, etwa 20 Prozent sind Bentgras- und Bewaldungsflächen, zehn Prozent werden forstwirtschaftlich genutzt, fünf Prozent sind wiedervernässte Flächen nach dem Torfabbau.« Und die Industrie? »Sie nutzt fünf Prozent, also rund 12.000 Hektar.« Flächen übrigens, die längst keine intakten Hochmoore mehr sind. »Das ist ein Vorurteil«, sagt Gramann: »Wenn wir heute einen Abbauantrag bei den Behörden stellen, dann handelt es sich um zuvor landwirtschaftlich genutzte Flächen.« Flächen, die nach dem Abbau auch konsequent renaturiert werden müssen.

Gibt es keine Alternativen zum Torfeinsatz? Josef Gramann sieht das nüchtern. Zwar werden heute bereits andere Ausgangsstoffe wie Komposte, Holzfasern, Kokos, Perlite, Rinde oder Ton eingesetzt, doch die Qualität dieser Rohstoffe ist zu unterschiedlich und die Verfügbarkeit bei Weitem nicht ausreichend, um den Bedarf an Gemüse, Obst, Salat, Baumschulware oder auch Zierpflanzen zu decken. Gerade im Erwerbsgartenbau brauche man den Torf mit seinen »phänomenal guten physikalischen und chemischen Eigenschaften«. Weil in Deutschland der Torfabbau ohnehin rückläufig sei, müsse zunehmend Torf aus dem Ausland – vor allem aus dem Baltikum – zugekauft werden. Beim Blick über die nationalen Grenzen hinaus relativiert sich für den deutschen Unternehmer zudem die Befürchtung, intakte Moore werde es bald nicht mehr geben: »400 Millionen Hektar Moore gibt es weltweit. Davon werden nur 0,1 Prozent industriell abgetorft. Es wächst mehr Moor, als abgebaut wird.« Allerdings, auch da sieht Gramann ein Problem: »Die landwirtschaftliche Nutzung nimmt zu.« Damit wird die zuvor intakte Vegetation zerstört, aus lebenden Mooren werden reine

Die Moorbahn mir ihren Loren ist heute noch das gängige Hilfsmittel zum Abtransport der getrockneten Torfsoden aus dem Moor. Oft kommen allerdings auch schon Traktoren als Zugmaschinen zum Einsatz.

Torflagerstätten mit einer verschwindenden Artenvielfalt und steigenden CO_2-Emissionen.

Torfabbau und Naturschutz. Für den Unternehmer keine Gegensätze. Josef Gramanns Augen leuchten, wenn er über die neuen wissenschaftlichen Erkenntnisse und die Möglichkeiten der Renaturierung der Abtorfungsflächen spricht: »Es ist spannend, wie sich die Moore wieder entwickeln.« Stichworte sind in diesem Zusammenhang auch Paludikultur oder Sphagnum-Farming. Fachbegriffe, die auf das identische Ziel verweisen, Ersatzrohstoffe für die Torfindustrie zu finden bei gleichzeitiger Aufwertung abgetorfter oder früher landwirtschaftlich genutzter Hoch- und Niedermoorflächen.

Die Uni Greifswald hat seit 2011 ein entsprechendes Projekt im Hankhauser Moor bei Rastede in die Wege geleitet. Torfmoose (Sphagnum) wachsen neu auf den nach bestimmten Kriterien wiedervernässten Hochmoorflächen. Ihre Biomasse hat ähnliche Eigenschaften wie Weißtorf; sie könnten damit zu einem – allerdings deutlich teureren – Torf-Ersatzstoff werden. Der positive Begleiteffekt: Auf den Flächen kann sich die moortypische Vegetation bedingt wieder entwickeln; eine Hoffnung auch für die Wiederansiedelung bedrohter Pflanzen- und Tierarten. Und: Es ist ein Beitrag zum Klimaschutz, denn dort, wo der Torfabbau und vor allem die Landwirtschaft bisher große Mengen an gespeichertem Kohlenstoff in Form von Kohlendioxid freigesetzt haben, wird nun wieder Kohlenstoff gebunden.

Josef Gramann ist fasziniert von dieser Idee, den damit verbundenen Chancen. Und er engagiert sich selbst mit einer eigenen Versuchsanlage: Welche Torfmoose eignen sich besonders, um das Moor wieder wachsen zu lassen?

Winter

Pudelwohl im Schnee fühlen sich diese Wildschwein-Frischlinge. Die Wildschweine sind ebenfalls Neubürger im Moor. Sie fühlen sich hier sicher – auch, weil die Jagd in den unwegsamen Bereichen nur eingeschränkt möglich ist.

Je nach Intensität des Winters beginnen die Weibchen schon recht früh mit der Suche eines geschützten Geburtsnestes, eines Wurfkessels. So sieht man oft auch schon sehr früh im Jahr die Frischlinge herumtollen.

Nebelstimmung im November: Jetzt verlassen die Kraniche die Rastplätze im Moor, um ihren Zug in Richtung Süden fortzusetzen. Anfang November 2011 wurden nach Angaben des Bundes für Natur- und Umweltschutz allein in der Diepholzer Moorniederung fast 68.000 rastende Kraniche gezählt.

Kunstwerke, die uns Menschen vor den Füßen liegen: Es sind Eisformationen auf Wasserpfützen im Moor. Sehr schöne, facettenreiche und vielfarbige Formen, die wiederum zeigen, dass die Faszination d eser Landschaft sehr oft im Verborgenen liegt. Es gilt, genau hinzusehen, um das Moor auch zu verstehen.

Ruhe, Einsamkeit, ewige Weiten: Winter im Moor, das ist die Zeit zum Innehalten, zur Besinnung und zum tief Luft holen. War noch was – oder ist hinter dem Horizont doch die Ewigkeit?

Ein Hermelin zwischen Baumstämmen: Das kleine Raubtier aus der Familie der Marder legt im Winter sein weißes Kleid an und geht auf die Suche nach der Hauptnahrung, den Mäusen.

Alter Holzschuppen am Rand des Moores: Leider verschwinden diese kleinen Scheunen, in denen früher auch Heu und mancherlei Gerätschaften gelagert wurden, immer mehr. Die moderne Landwirtschaft hat dafür keine Verwendung. Dabei sind gerade diese alten Schuppen die idealen Unterschlupfe für Tiere wie den Steinkauz, den Turmfalken, die Schleiereule und auch das Hermelin.

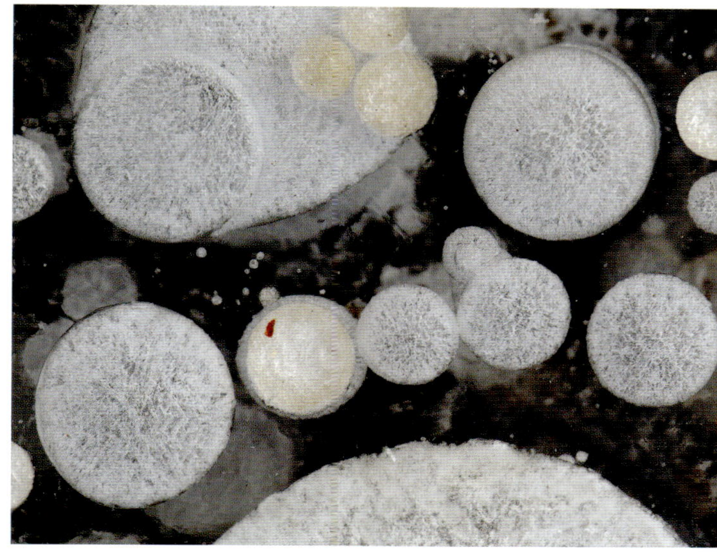

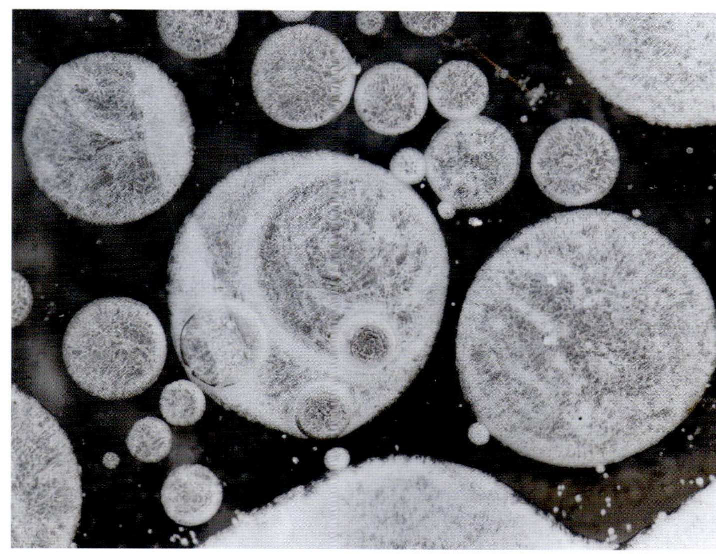

Stille im Moor, das dennoch auch im Winter für mancherlei Überraschungen gut ist. Wenn der Frost einsetzt, schließt das Eis die Luftblasen ein, die durch aufsteigende Faulgase entstehen (rechts). Es bilden sich faszinierende Kunstwerke auf Zeit.

Wieder der Blick über die Weite des Moores, über die Schneeheide (links), die schon ab Januar blüht, und die über den Winter zurückgelassenen Torfhaufen. Die Arbeit steht still – bis sich im Frühjahr wieder das Leben regt.

Das Moor sehen und begreifen

Sie wollen ins Moor? Da gibt es viele Möglichkeiten – den Spaziergang über einsame Moorwege, den Besuch eingerichteter Beobachtungsstationen in den Moorrandgebieten, das Wandern über einen Moorlehrpfad, von denen es in den deutschen Hochmoorregionen von Schleswig-Holstein im Norden bis Bayern im Süden eine ganze Reihe gibt. Wer sich allerdings zum ersten Mal diesem Thema nähert, für den empfiehlt sich der Besuch in einem Moormuseum.

Michael Haverkamp leitet ein solches Museum. Es gilt als das größte in Europa und liegt am Rand des Bourtanger Moores im Grenzgebiet zu den Niederlanden. Das Emsland-Moormuseum Groß Hesepe befindet sich unweit der Autobahn 31, die von Bottrop im Ruhrgebiet bis nach Emden in Ostfriesland führt. Wer die Abfahrten Twist oder Geeste nutzt, ist schnell auf dem riesigen Gelände. Es umfasst eine 30 Hektar große Freifläche, auf der es wiedervernässte Moorflächen gibt, über die man mit einer kleinen Feldbahn zuckeln kann. Herzstück des Museums sind die beiden großen Ausstellungshallen, in denen mit vielen Original-Exponaten über die Kultivierung des Moores mit Riesenpflügen wie dem »Mammut« – einer fast 2000 PS starken Dampflokomotive, die zwei Meter tief das Moor umbricht – oder den Moorschutz, über große Projekte wie den Emslandplan der 1950er bis 1980er Jahre oder die industrielle Nutzung des Torfs berichtet wird. Nicht zu vergessen die Bewirtschaftung von Moorländereien: Besucher lernen hier zumeist zum ersten Mal in ihrem Leben seltene Tierarten wie das Bentheimer

Schaf, das westfälische Totlegerhuhn oder die Diepholzer Gans kennen.

Mit seinem Team hat der Historiker Haverkamp 2012 den hoch dotierten niedersächsischen Museumspreis der Sparkassenstiftung gewonnen. Gründe dafür sind nicht nur die sehr guten Präsentationen und Programme sowie die hohe Besucherzahl von jährlich rund 31.000 Menschen, es sind auch die wissenschaftlichen Forschungen zum Thema Moor, die hier betrieben werden.

Die Geschichte, Nutzung und Renaturierung der Moore wird aber auch in einer ganzen Reihe weiterer Museen und Informationszentren in Deutschland anschaulich dargestellt. Ein Beispiel ist das Moormuseum im ostfriesischen Moordorf bei Aurich. Es wird auch »Museum der Armut« genannt, weil es vor allem die schwierige und entbehrungsreiche Entstehung einer Moorkolonie dokumentiert. Im Moor- und Fehnmuseum Elisabethfehn bei Barßel unweit von Oldenburg geht es vor allem um die Geschichte des Torfabbaus, um Flora und Fauna des Moores und die Moorarchäologie. Unbedingt einen Abstecher wert ist das Landesmuseum Natur und Mensch in Oldenburg, zu dessen wesentlichen Ausstellungs- und Forschungsprojekten die Themen Mensch und Moor sowie Leben im Moor zählen.

Eine Liste aller Moormuseen und Lehrpfade in Deutschland und im benachbarten Ausland findet sich im Internet unter dem Wikipedia-Eintrag »Moormuseum«.

Daneben bieten eine ganze Reihe von Naturschutzstationen und Informationszentren kleine Ausstellungen und/oder Führungen zur Pflanzen- und Tierwelt der Moore und zum Thema Renaturierung an. Als Beispiele seien hier aufgeführt das BUND-Zentrum Diepholzer Moorniederung in Ströhen zwischen Diepholz und Sulingen, das Naturschutzzentrum Ochsenmoor in Hüde südlich des Dümmersees oder das Naturschutz-Informationszentrum Goldenstedter Moor in Arkeburg nördlich von Vechta.

Aktuell eines der bedeutsamsten Projekte in Sachen Moor- und Klimaschutz ist die geplante Einrichtung eines Europäischen Fachzentrums Moor und Klima in Wagenfeld südlich der niedersächsischen Kreisstadt Diepholz. Fragestellungen der Torf-, Land-, Forst- und Energiewirtschaft sollen hier mit den Naturschutzthemen kombiniert werden; wie können Moor- und Klimaschutz gleichzeitig erreicht werden?

Der Mond geht auf über dem Randbereich des Osterfeiner Moores.

Das Leben kehrt zurück

Und wieder der Kranich. Er ist heute zum Symbolvogel für die Moorlandschaften geworden. Zwischen Mitte Oktober und Mitte November ist die beste Zeit, um die Vögel auf ihren Rast- und Futterplätzen im Umfeld der Moore zu beobachten. Zigtausende sind es, die auf dem Zug in die Winterquartiere am vorpommerschen Bodden, in der Mecklenburgischen Seenplatte oder in der Diepholzer Moorniederung eine Pause einlegen. Manche starten auch erst von hier aus in Richtung Süden, denn sie haben die vor allem durch die Naturschutzbestrebungen naturnah erhaltenen Flächen als Brutreviere akzeptiert. Der Kranich als Symbol – als augenfälligstes Zeichen dafür, dass Moor eine Zukunft hat.

Es geht auch kleiner. Bitte bücken. Auf den seltsam geformten Blättern einer Pflanze klebt eine Libelle; ja, klebt. Sie ist dem Tod geweiht. Denn sie hat sich vom Rundblättrigen Sonnentau anlocken lassen. An den Spitzen der Blätter sitzen Leimtropfen, die im Sonnenlicht wie Tau oder Nektar glitzern. Ein Leckerbissen für Insekten? Nein, eine Falle, denn der Sonnentau gehört zu den fleischfressenden Pflanzen und hat sein Revier im Moor. Viel Sonne braucht die Pflanze, Wasser und wenig Nährstoffe. Im Moor existieren kann sie, weil sie auf dem Moosteppich lebt und Jahr für Jahr mit ihm nach oben wächst. Und weil sie die Libellen, Fliegen oder Mücken hat, die sich von ihr anlocken lassen. Langsam schließt sich das Blatt um das Insekt. Die Pflanze löst mit ihren Enzymen das Tier auf, lebt vom Eiweiß, aus dem sie den notwendigen Stickstoff gewinnt.

Es sind, ob Tier oder Pflanze, nur Spezialisten, die hier überleben können. Das Wollgras gehört dazu. Es blüht im Frühjahr, doch erst wenn sich im Sommer die Fruchtstände entfalten und ihre Wollhaare ausbilden, prägt das Gras das Moor. Es sind zunächst einmal einzelne Büschel, die sich auf dem nassen Untergrund halten und mit ihm in die Höhe wachsen. Doch aus den Büscheln werden zumeist ganze Grasteppiche. Wenn sich nach der Blüte die weißen Wollschöpfe zeigen und im Wind wiegen, entfaltet das Moor seinen ganz besonderen Zauber, wird zur Traumlandschaft für alle, die sich in der Weite, der Ruhe, der Besinnung verlieren können.

Das Wollgras ist daneben eine der Pflanzen, die ganz besonders zur Torfbildung beitragen. Es wird bis zu 60 Zentimeter hoch und bildet Blätter aus, die nach ihrem Absterben faserig zerfallen und einen wichtigen Grundstock für den Torf darstellen. Wollgras ist deshalb auch für die Renaturierung unsere Moore eine wichtige Grundlage. Und: Es ist eine der Pflanzen, die mit der Tierwelt der Moore eine enge Symbiose eingegangen sind.

Die Moorkäferzikace zum Beispiel. Sie ernährt sich von Wollgras und ist deshalb auch nur – wie der Name schon sagt – in intakten Moorgebieten zu finden. Ein Meister der Tarnung im Übrigen, denn mit ihren weißlich-orangefarbenen Flügeln gleichen sie sich hervorragend dem Moorboden an. Die winzigen, nur rund einen halben Zentimeter großen Zikaden krallen sich an die Grasblätter und saugen mit ihren Mundwerkzeugen die zuckerhaltigen Säfte heraus.

Und dann sind da noch die Falter. Lustig flattern sie über die sommerliche Moorlandschaft, legen hier und dort Rast ein, um am Wollgras zu naschen, und drehen dann eine neue Runde. Das Große Wiesenvögelchen zum Beispiel, mit etwa vier Zentimeter Flügelspannweite eher klein, beeindruckt mit seinen orangebraunen Flügeloberseiten und dem hell geränderten Augenfleck. Das Moor-Wiesenvögelchen ist noch etwas kleiner und vor allem sehr selten. Seine Kennzeichen sind die vielen gelb umrandeten schwarzen Augenflecken auf der Unterseite der Flügel.

Gräser, Moose, Sonnentau, Zikaden, Käfer oder Falter. Das Leben im Moor ist vielfältiger, als es uns der erste Augenschein weismachen will. Das Moor lebt seit Jahrtausenden. Und wenn wir wollen, wird es weitere Jahrtausende überstehen. Ein wunderschöner Teil der Schöpfung.

Fast schon surreal: Ein Winterabend im Moor, die untergehende Sonne zeichnet die leblose Landschaft weich.

Sternenhimmel über dem Moor (oben), eine klare, weite Sicht. Die Helligkeit im Hintergrund zeigt das Licht einer weit entfernten Stadt.
Das rechte Bild zeigt ein Sternenrad, wie wir es ist mit dem bloßen Auge niemals sehen werden: Die Kamera wurde auf den Polarstern ausgerichtet.
Die Langzeitbelichtung erzeugt den Eindruck, dass sich hier alles um einen Punkt dreht, der weit außerhalb dieser Welt liegt.

Museen und Naturschutzeinrichtungen

Eine exemplarische Auswahl

Das bedeutendste Moormuseum Europas befindet sich im Emsland (Niedersachsen): in Groß Hesepe an der A31 unweit von Meppen und Lingen. Das Emsland Moormuseum bietet Einblicke in die Entwicklung und Nutzung der Moore. Neben zwei großen Ausstellungshallen und einem Freigelände mit alten Moorbearbeitungsgeräten gibt es eine etwa 20 Hektar große museumseigene Hochmoorfläche.

Emsland Moormuseum
Geestmoor 6, 49744 Geeste-Groß Hesepe
Telefon: 05937 / 709990
E-Mail: kontakt@moormuseum.de
www.moormuseum.de

Das Moor- und Fehnmuseum Elisabethfehn in der Gemeinde Barßel unweit von Bad Zwischenahn (Niedersachsen) bietet Einblicke in die Geschichte des Moores und des Torfabbaus sowie in die Entstehung der Fehnsiedlungen. Hier befindet sich die Moorleiche des Jungen von Burlage aus der Zeit um 1100 n. Chr.

Moor- und Fehnmuseum
Oldenburger Str. 1, 26676 Elisabethfehn
Telefon: 04499 / 2222
E-Mail: moor-u.fehnmuseum@t-online.de
www.fehnmuseum.de

Speziell über die Entstehung von Moorsiedlungen und die schwierige Kolonisierung und Ausbeutung der Moore informiert das Moormuseum Moordorf in Südbrookmerland bei Aurich (Niedersachsen). Es wird auch als »Museum der Armut« bezeichnet.

Moormuseum Moordorf
Victorburer Moor 7a, 26624 Südbrookmerland
Telefon: 04942 / 2734
E-Mail: moormuseum.moordorf@ewetel.net
www.moormuseum-moordorf.de

In Bayern informiert zum Beispiel das Museum Klaushäusl – Salz und Moor – in Grassau/Chiemgau über die Moorgeschichte. Hier findet sich auch ein Moorerlebnispfad.

Museum Klaushäusl
Museumsleiter Dr. Klaus Thiele
Marktstr. 1, 83224 Grassau
Telefon: 08641 / 400818
E-Mail: thiele.klaushaeusl@arcor.de

Die Landschaften Nordwestdeutschlands – Moor, Geest, Küste und Marsch – sind der zentrale Ausgangspunkt der Dauerausstellungen im Oldenburger Landesmuseum Natur und Mensch. »Weder See noch Land – Moor – eine verlorene Landschaft«, so ist die sehenswerte Dauerausstellung zu diesem Thema überschrieben. Immer wieder gibt es Sonderschauen, bei denen auch das Moor in den Blick genommen wird.

Landesmuseum Natur und Mensch
Damm 38–44, 26135 Oldenburg
Telefon: 0441 / 9244300
E-Mail: museum@naturundmensch.de
www.naturundmensch.de

Das Naturschutz- und Informationszentrum Goldenstedt, bekannt als »Haus im Moor«, liegt in Arkeburg bei Goldenstedt in der Nähe von Vechta (Niedersachsen). Moorentstehung und Moornutzung kann man hier erleben bei Moorbahnfahrten, in einem Moortunnel oder der Beobachtungsstation und dem Labor Bioskopion.

Förderverein Goldenstedter Moor
Arkeburger Str. 22, 49424 Goldenstedt
Telefon: 04444 / 2694
E-Mail: haus-im-moor@niz-goldenstedt.de
www.niz-goldenstedt.de

Das Neustädter Moor liegt rund fünf Kilometer östlich von Wagenfeld (Kreis Diepholz, Niedersachsen) im Zentrum des großen Moorschutzgebietes Diepholzer Moorniederung. Das gesamte Gebiet wird vom Bund für Umwelt und Naturschutz (BUND) betreut. Auf ausgeschilderten Rundwanderwegen kann man die Natur erkunden, auf dem Moorlehrpfad Wissenswertes über sie erfahren und von den Aussichtstürmen Flora und Fauna dieser einmaligen Naturlandschaft beobachten. Der BUND bietet dazu auch geführte Moorwanderungen an.

BUND Diepholzer Moorniederung
Langer Berg 15, 49419 Wagenfeld-Ströhen
Telefon: 05774 / 371
E-Mail: info@bund-dhm.de
www.bund-dhm.de

In Nordrhein-Westfalen gibt es das Moormuseum Zwillbrock in Vreden. Es handelt sich dabei um eine Biologische Station mit angebundenem Besucherzentrum und Dauerausstellung zum Thema Moor.

Biologische Station Zwillbrock
Zwillbrock 10, 48691 Vreden
Telefon: 02564 / 9860-0
E-Mail: info@bszwillbrock.de

Die Autoren und der Verlag danken dem Landesmuseum Natur und Mensch, Oldenburg, für die Möglichkeit, das Foto der Moorleiche auf Seite 65 aufnehmen zu dürfen.

Die Deutsche Bibliothek verzeichnet diese Publikation in der Deutschen Nationalbibliografie; detaillierte bibliografische Daten sind im Internet unter http://dnb.ddb.de abrufbar.

Hohenlohestraße 21 – 28209 Bremen
Tel.: +49 – 421 – 34 84 30
Fax: +49 – 421 – 34 80 94
info@edition-temmen.de
www.edition-temmen.de

Satz und Layout: Sebastian Müller
Gesamtherstellung: Edition Temmen

ISBN 978-3-8378-5021-5